BEI GRIN MACHT SICH IHR WISSEN BEZAHLT

- Wir veröffentlichen Ihre Hausarbeit,
  Bachelor- und Masterarbeit

- Ihr eigenes eBook und Buch -
  weltweit in allen wichtigen Shops

- Verdienen Sie an jedem Verkauf

Jetzt bei www.GRIN.com hochladen
und kostenlos publizieren

Bibliografische Information der Deutschen Nationalbibliothek:

Die Deutsche Bibliothek verzeichnet diese Publikation in der Deutschen National-
bibliografie; detaillierte bibliografische Daten sind im Internet über http://dnb.d-
nb.de/ abrufbar.

Impressum:

Copyright © 2015 GRIN Verlag
Druck und Bindung: Books on Demand GmbH, Norderstedt Germany
ISBN: 9783668764651

Dieses Buch bei GRIN:

https://www.grin.com/document/434958

Antonio Salmeri

Sozioökonomische und ökologische Konsequenzen der Geflügelproduktion im europäischen Raum

GRIN Verlag

INSTITUT FÜR GEOGRAPHIE

Seminar zur Wirtschaftskunde

SoSe 2015

Fleisch – Lebensmittel für die Unterschicht?

Antonio Salmeri

Innsbruck, am 19.08.2015

Inhaltsverzeichnis

Einleitung

Wer heute Lebensmittel kauft, tut dies oft beim Discounter seines Vertrauens. Schließlich findet man dort alles was man so benötigt, ja, sogar Fleisch- oder Fischprodukte landen unkompliziert und praktisch verpackt im Einkaufswagen. Ein halbes Hähnchen mit drei „Haxerl" etwa für knapp 6,50- Euro, wie kann man da schon widerstehen? Hält man hin und wieder doch kurz inne und erkennt das „ganze" Hähnchen hinter den schön verpackten Hühnerkeulen, drängt sich recht schnell die Frage auf, wie dieses Tier für den läppischen Preis von nur 6,50- Euro gefüttert und anschließend geschlachtet und zerlegt werden soll. Hinzu kommt, dass Schlachtbetrieb und Supermarkt das Produkt schließlich auch noch gewinnbringend verkaufen müssen. Die etwas provokante These der folgenden Seminararbeit lautet daher: *„Fleisch – Lebensmittel für die Unterschicht?"*, und soll sich vor allem am Beispiel der Geflügelproduktion im europäischen Raum mit den sozioökonomischen Ursachen und Folgen sowie den ökologischen Konsequenzen günstiger Fleischproduktion auseinandersetzen. Die These, dass Fleisch zum Lebensmittel der Unterschicht avanciert sei, impliziert den günstigen Produktions- bzw. Verarbeitungsprozess von Fleischartikeln, sodass diese auch (oder vor allem?) von einer wenig kaufkräftigen Gesellschaftsschicht konsumiert werden können. Was auf ersten Blick wie ein durchwegs positiver und gerechter gesellschaftlicher Verteilungsprozess scheint, soll im Zuge dieser Seminararbeit etwas genauer analysiert werden. Zu diesem Ziel wird zunächst, von einem historischen Exkurs ausgehend, die Wertschöpfungskette der industriellen Fleischproduktion nachverfolgt, um mögliche Gründe für die offenbar geringen Kosten dieses Nahrungsmittels zu ergründen und zu analysieren. Von der „Angebotsseite" wird anschließend auf die Perspektive der „Nachfrage" gewechselt, um somit die Thematik aus Sicht der KonsumentInnen zu analysieren. Dafür werden zunächst ethische und religiöse Aspekte des Fleischkonsums behandelt, um abschließend die Frage nach gesellschaftsspezifischen Präferenzen zu beantworten.

1. Produktion und Angebot von Fleischartikeln

Einleitend soll in erster Linie die Angebotsperspektive der Fleischproduktion behandelt werden, indem, von einem historischen Abriss sowie den kontextuellen Bedingungen der industrialisierten Landwirtschaft ausgehend, die Wertschöpfungskette am Beispiel der Geflügelproduktion nachverfolgt wird.

1.1. Historischer Abriss der Fleischproduktion

„Fleischliche Nahrung trage eine existenzielle Bedeutung für die Evolution des Menschen und sei somit ganz ´naturgemäß´, nach wie vor, auf dem menschlichen Speiseplan", – so heißt es oft von begeisterten VerfechterInnen des Sonntagsbratens, der mit erleichtertem Gewissen wohl noch etwas besser schmeckt. Betrachtet man jedoch den historischen Verlauf der menschlichen Essgewohnheiten näher, wird es zunehmend schwieriger genaue Aussagen darüber zu treffen, ob der Mensch tatsächlich seit seinen Anfängen „naturgemäß" ein *„carnivore"*[1] ist. Tatsächlich lässt der historische Wandel der menschlichen Essgewohnheiten, die meist auf ökologische und raumbedingte Charakteristika zurückzuführen waren, diese These zunehmend obsolet erscheinen. Vielmehr müssen diese Gewohnheiten als ein Ergebnis der *„historischen, ökologischen, soziokulturellen und ethisch-religiösen Einflüsse betrachtet werden"*, sodass hingegen von *„umstandsbedingten"* anstatt von *„natürlichen"* Essgewohnheiten gesprochen werden muss (Herzog, Martin et al., 1994. S. 27). Aufgrund dieser Schwierigkeiten den Menschen eindeutig als Fleisch- oder Pflanzenfresser zu charakterisieren, spricht man in diesem Zusammenhang vom sogenannten *„omnivoren*[2]"- Dilemma, welches sich nicht zuletzt in Körperbau und Stoffwechselmechanismen des Menschen manifestiert. Der Mensch weist tatsächlich, im Unterschied zu den meisten Tierarten, körperliche Merkmale auf die sowohl auf eine pflanzliche, wie auf eine tierische Nahrungsaufnahme spezialisiert scheinen. Dies ist als Ergebnis des historischen und regionalspezifischen Wandels menschlicher Essgewohnheiten zu verstehen, da etwa vor der neolithischen Revolution in erster Linie tierische Nahrungsmittel wie Fleisch und Fisch im Vordergrund standen. Erst mit dem Übergang zu Ackerbau und Viehzucht verwandelte der Mensch seinen

---

[1] lat. *carnis* = Fleisch / lat. *vorare* = fressen
[2] lat. *omni* = alles (Übersetzungen laut: pons.com)

Lebensraum in ein Agrarökosystem, wo durch eine sesshafte Lebensweise nur noch sporadisch Nutz- bzw. Haustiere als Nahrungsquelle herangezogen wurden. Mit dem planmäßigen Übergang zum Ackerbau zu Beginn des Mittelalters wurden erstmals Waldflächen gerodet und die Erträge dank natürlichen Düngemitteln erhöht. Ein wesentlicher Meilenstein ereignete sich mit dem Einsatz künstlicher Düngemittel, die es erstmals erlaubten weitaus höhere Erträge zu erzielen, die zur intensiven Nutztierhaltung verwendet werden konnten. Diese Entwicklungen bedingten wiederum eine erhöhte Verfügbarkeit von Nutztieren die (auch) zur Fleischproduktion dienten. (vgl. Herzog, Martin et al., 1994.)

Der wohl markanteste Wendepunkt in der Historie der Fleischproduktion scheint sich jedoch in jüngster Vergangenheit und Gegenwart zu vollziehen, welcher mit dem Schlagwort der „industrialisierten Landwirtschaft" zusammengefasst werden kann. Diese Sonderstellung ergibt sich in erster Linie aus den weitreichenden sozioökonomischen sowie ökologischen Folgen der heutigen Fleisch- und Futtermittelproduktion, die sich unlängst auf globaler Ebene manifestieren.

1.2. Industrielle Landwirtschaft

Das Chicago des 19. Jahrhunderts gilt als Wiege der industriellen Schlachtung, da erstmals systematisch Fließbänder für die tierische Grobzerlegung eingesetzt wurden. Einige Jahre später machte sich kurioser Weise auch *Henry Ford* dieses Verfahren zur Automobilherstellung zu Nutze, was wesentlich bekannter sein dürfte. Diese Frühform der Industrialisierung ging zudem mit einer starken Zentralisierung einher, sodass etwa in den USA die Zahl der Schlachthöfe zwischen 1967 und 2010 von fast 10.000 auf nunmehr 3.000 gesunken ist (siehe Abb. 1). (vgl. Chemnitz & Belling, 2014)

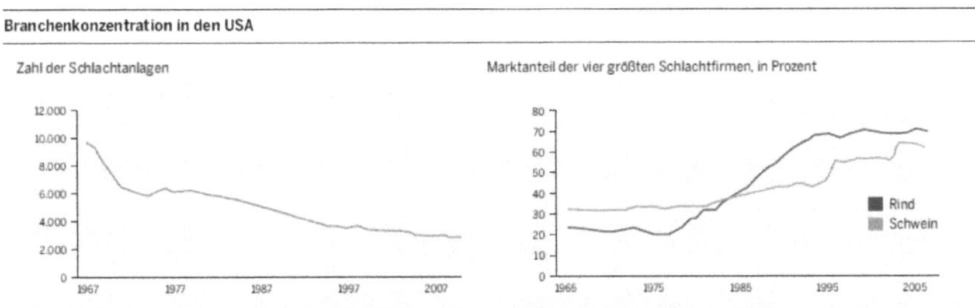

(Abb. 1: Branchenkonzentration in den USA)

Bemerkenswerterweise kann gleichzeitig ein steter Anstieg der Marktanteile einiger Schlachtfirmen beobachtet werden, sodass aktuell beispielsweise 88% der Schweinefleischproduktion von 10 Großkonzernen getragen wird. Ziele dieser Zentralisierungsmaßnahmen sind es zum einen Größenvorteile zu erlangen, die es erlauben die jeweilige Marktmacht zu erhöhen und gleichzeitig die Erzeugerpreise zu senken. Dabei beschränkt man sich oft nicht auf den Zusammenschluss nationaler Unternehmen, wie zahlreiche jüngste Fusionierungen von verschiedenen Großkonzernen zeigen. Im Jahr 2013 kaufte beispielsweise *Shuanghio international Holdings*, der Hauptaktionär von Chinas größtem Fleischverarbeiter, den weltgrößten Schweinefleischproduzenten *Smithfield Foods* für die Summe von 7,1 Milliarden Euro. Derartige Expansionsstrategien ergeben sich aus den unlängst verschwindend geringen Gewinnmargen der Fleischindustrie, die durch die Form einer doppelten Konzentration versuchen dem Preisdruck standzuhalten. So werden Unternehmen durch Fusionierungen und Übernahmen größer und können gleichzeitig durch erhöhte Tierkapazitäten die Intensität der Fleischproduktion erhöhen.

Wirft man einen genaueren Blick auf diese branchenspezifischen Unternehmenskonstellationen, wird sehr schnell das Phänomen „*from farm to fork*" ersichtlich, welches in besonderer Art und Weise für die Geflügelwirtschaft gilt. Derartige Betriebe weisen besonders häufig eine sogenannte vertikale Integration auf. Diese hat die Gründung sogenannter „agrarindustrieller Unternehmen" zum Ziel, die sämtliche Produktionsstufen der Fleischherstellung unter einem „Dach" vereinen. In der Praxis wird dies meist in Kooperation mit einem Lohnmäster vollzogen, welcher jedoch strikt an das jeweilige Unternehmen gebunden ist. Sämtliche weitere Produktions- und Verarbeitungsschritte, bis hin zur Vermarktung des Produkts, werden vom jeweiligen Unternehmen geleitet. Diese enge Kopplung des „Rohstoffs" und der anschließenden „Verarbeitung", erlaubt es Lager- und Transportkosten zu minimieren, sowie eine hohe Kontrollierbarkeit und Flexibilität in der Produktion zu gewährleisten. Derartige Unternehmensagglomerationen sind allerdings keinesfalls als amerikanisches Phänomen oder exotisches Spezifikum zu betrachten, sondern prägen auch unlängst, vor allem im Bereich der Geflügelproduktion, die mitteleuropäische Fleischindustrie.

Diese Besonderheiten der Unternehmenskonstellation in der industriellen Landwirtschaft bilden gewissermaßen die kontextuellen Bedingungen der Wertschöpfungskette zur Fleischproduktion, die im Folgenden nachgezeichnet werden soll um daraus mögliche Gründe für die offenbar geringen Kosten des Endprodukts abzuleiten. (vgl. Chemnitz & Belling, 2014)

1.3. Die Wertschöpfungskette am Beispiel der Geflügelproduktion

Unter selbiger werden laut dem Gabler Wirtschaftslexikon (1997) die *„zusammenhängenden Unternehmensaktivitäten zur Gütererstellung"* verstanden, die sich in der Branche der Geflügelproduktion grob in folgende Teilbereiche unterteilen lassen:

- Erzeugung von Futtermittelkomponenten und Futtermittelherstellung
- Elterntierhaltung, Brüterei, Mast
- Schlachtung und Grobzerlegung, Feinzerlegung und Weiterverarbeitung
- Einzelhandel und Fachgeschäft
- Konsum durch Groß- und Endverbraucher (Akamp & Schattke, 2011. S. 9)

Jeder dieser einzelnen Produktionsschritte unterliegt vielfältigen Optimierungsprozessen, um dem wachsenden Preisdruck der Fleischbranche standhalten zu können. Ein wesentlicher Punkt zur Erhöhung der Gewinnmargen ereignet sich jedoch bereits vor dieser Wertschöpfungskette, nämlich mit der Erforschung geeigneter Zuchtrassen zur Fleischproduktion. (vgl. Akamp & Schattke, 2011)

1.3.1. Tiergenetik

Der Optimierungsprozess der Fleischproduktion beginnt bereits bei der Wahl und Erforschung des geeigneten Zuchtmaterials. Eine Branche die von einigen wenigen Firmen dominiert wird, die sich auf die Erforschung sogenannter Hochleistungsrassen spezialisiert haben. Der Mensch hat bis dato 30 Nutztierarten domestiziert, wobei laut *FAO* rund 8.000 Rassen dokumentiert wurden. Die Fleischindustrie nutzt dabei 8 Tierarten in besonders großem Umfang, wobei bestimmte Zuchtstämme herausgebildet wurden, die sich als besonders ertragreich erwiesen haben. Diese Form der „Hybridzucht", hat sich vor allem bei der Geflügel- und Schweinemast bewährt. Als besonders wichtige Eigenschaften derartiger Rassen gelten dabei ein schnelles Wachstum, sowie eine effiziente Futterverwertung der Tiere, die wiederum

höhere Erträge erlaubt. Besonders Geflügeltiere gelten als profitable und „effiziente"
Nutztiere, da aus lediglich 1,6 kg Futter bis zu 1 kg Geflügelfleisch gewonnen werden
können. Zu den kostensteigernden Aspekten dieser Hybridzucht zählt in erster Linie
die Anfälligkeit von Hochleistungsrassen für Erkrankungen, die häufig mit kostspieligen
Pharmazeutika behandelt werden müssen. Vorbeugend werden den Futtermitteln
daher diverse Antibiotika beigemischt, die darüber hinaus (durch die dadurch bedingt
verlangsamte Verstoffwechselung) mastbeschleunigend wirken. Trotz intensiver
pharmazeutischer Behandlung der Tiere ist die „Ausfallrate", aufgrund von
Spontantoden, bei Hybridrassen jedoch verhältnismäßig hoch. Außerhalb der EU
werden diese medikamentösen Behandlungen meist durch die Verabreichung von
Wachstumshormonen ergänzt, die das Zellwachstum und somit die Gewichtszunahme
unmittelbar beeinflussen. Der Verzehr von sogenanntem „Hormonfleisch",
beziehungsweise die Aufnahme der tierischen Ausscheidungen über das
Grundwasser, stehen im Verdacht die Entstehung bestimmter Krebsarten zu
begünstigen sowie Unfruchtbarkeitsprobleme zu verursachen. Traurige Bekanntheit
erlangte beispielsweise das Wachstumshormon *Ractopamin*, welches im Verdacht
steht beim Menschen bereits im Säuglingsalter Brustwachstum hervorzurufen.
Dementsprechend ist neben China, Russland, Indien und der Türkei auch der EU-
Markt seit 1988 für Hormonfleisch -weitestgehend- unzugänglich. Weiterhin eingesetzt
werden jedoch Sexualhormone, etwa um den Zyklus von Sauen zu vereinheitlichen
um den Wurf von Jungtieren gleichzuschalten. (vgl. Chemnitz & Belling, 2014)

1.3.2. Futtermittelproduktion

Ein Großteil der domestizierten Nutztierrassen sind sogenannte „wiederkäuende
Grasfresser" und konkurrieren dementsprechend nicht mit dem Menschen um
Nahrung. Paradoxerweise werden jedoch laut dem letzten *UN*-Weltagrarbericht rund
70% der globalen Äcker und Wiesen von der Nutztierhaltung beansprucht, - eine
verstörende Tatsache wenn man bedenkt, dass der Fleischkonsum oft als mögliches
Heilmittel für den globalen Hunger angepriesen wird. Tatsächlich kann, selbst bei
Geflügelbetrieben, aufgrund der immensen Intensität der Produktion nur ein Bruchteil
des Tierfutters aus regionaler Wertschöpfung herbeigezogen werden. Ein Großteil der
Futtermittelbestände besteht somit aus proteinreicher Soja (siehe Abb. 2), wobei

einerseits der Sojaanbau an sich, sowie die meist langen Transportwege, weitreichende ökologische Folgen nach sich ziehen.

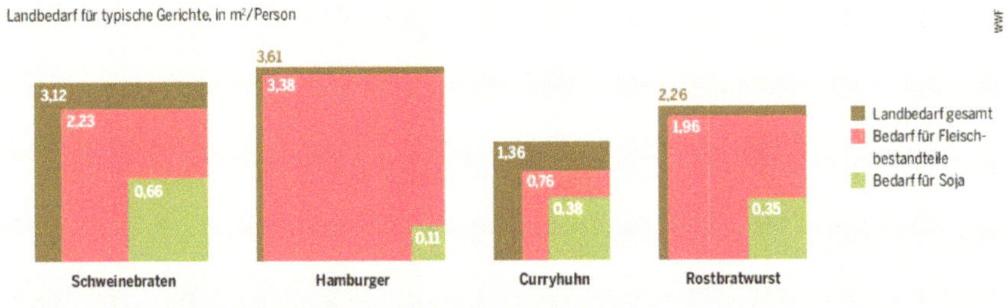

(Abb. 2: Landbedarf für typische Gerichte)

Es zeigt sich, dass der Landbedarf zur Futtermittelherstellung vor allem bei der Geflügelproduktion besonders effizient ist, jedoch ein immenser Anteil vom Sojaanbau beansprucht wird.

Da dementsprechend bei den meisten Großbetrieben somit die Futtermittel- und Fleischproduktion getrennt sind, entstehen zudem enorme Gülleanteile die als Düngemittel überflüssig sind und somit meist kostpflichtig entsorgt werden müssen. (vgl. Chemnitz & Belling, 2014)

1.3.3. Mast, Schlachtung, Grob- und Feinzerlegung

Selbige Produktionsschritte sollen nun am Beispiel der Geflügelwirtschaft in Deutschland nachgezeichnet werden, da sich das Bild nicht wesentlich von jenem anderer Großexportländer unterscheidet. Mit rund 58. Mio. geschlachteten Tieren pro Jahr (2014), befindet sich Deutschland derzeit auf Platz eins der europäischen Spitzenproduzenten. Obwohl das Phänomen der betrieblichen Zentralisierung in Deutschland nicht besonders stark ausgeprägt scheint (Betriebe mit mehr als 500 ArbeiterInnen sind selten), entfielen im Jahr 2012 dennoch rund 55% der geschlachteten Tiere auf die drei größten Schlachtkonzerne. (vgl. Chemnitz & Belling, 2014) Der hohe Anteil der Geflügelproduktion ergibt sich zu Teilen auch aus den physiologischen Vorteilen bei der Schlachtung. Jede Tierart erfordert ein anderes Schlachtsystem, welches sich an der Körperform des Tieres orientiert. Während Rinder und Schweine meist mit Bolzenschuss bzw. einer Elektrozange betäubt werden um anschließend „händisch" per Kehlenschnitt getötet zu werden, ist die Schlachtung von Hühnern hingegen weitestgehend automatisiert, was wiederum die Produktionskosten drastisch senkt. Dabei werden die Tiere meist in einem elektrisch geladenen Wasserreservoir betäubt, um anschließend maschinell zerlegt zu werden. (vgl. Akamp & Schattke, 2011) Darüber hinaus ist in Deutschland das Phänomen der Leiharbeiterschaft durchwegs gebräuchlich, sodass durch Verzicht auf Mindestlohn oder Tarifverträge oft nur sehr geringe Stundenlöhne bezahlt werden. Auch die Scheinselbständigkeit hat sich als probates Mittel erwiesen, da somit die Lohnnebenkosten der Unternehmen gesenkt werden können. (vgl. Chemnitz & Belling, 2014)

Im Folgenden werden nun die Daten eines konventionellen Betriebes (*Hof Eickhoff*) und eines Biohofs (*Biohof Grütter*) verglichen und sollen anschließend kurz diskutiert werden (siehe Abb. 3).

	Konventioneller Hof Eickhoff	Biohof Grütter
Anzahl Tiere im Betrieb	37.550	11.000
Zahl der Tiere pro Stall	37.550	ca. 3000
Tage bis zur Schlachtung	30 bzw. 42	70
Gewicht bei Schlachtung	1,6 kg und 2,5 kg	2,5 kg
Tiere pro Quadratmeter im Stall	15	4
Erzeugungskosten pro Tier	1,85 Euro	7,00 Euro
Verkaufspreis je Tier	2,10 Euro	7,50 Euro
Entfernung zum Schlachthof	100 km	50 km bzw. 150 km
Bewirtschaftete Fläche	220 Hektar	43 Hektar

(Abb. 3: Konventioneller und „Bio"-Hof im Vergleich)

Im Bereich des Geflügels liegt generell in Deutschland eine wachsende Nachfrage vor, wobei der Konsum bei anderen Fleischarten weitestgehend stagniert. Die strikte Nachfragepolitik einiger Discounter machen bei konventionellen Höfen eine intensivierte Haltung notwendig um dem wachsenden Preisdruck standhalten zu können. Um die Gewinnmargen dementsprechend zu erhöhen, bedienen sich konventionelle Betriebe diverser Strategien wie beispielsweise der Erhöhung der Kapazität, Automatisierung des Schlacht- und Fütterungsprozesses, sowie Verkürzung der Mastdauer. Generell wird zwischen Kurz-, Mittel- und Langmast unterschieden, wobei sich die Hähnchenmast meist in der Dauer des kurzen oder mittleren Segmentes ereignet, sodass Hühner innerhalb von 32-40 Tagen ein Gewicht von 1,5 – 2kg erreichen. (vgl. Akamp & Schattke, 2011) Dieser exemplarische konventionelle Hof schlachtet somit, auf einer Fläche von nur 220 Hektar, knapp 40.000 Hühner innerhalb von nur 30-42 Tagen. Bei Berücksichtigung sämtlicher Erzeugungskosten, ergibt sich dabei eine Gewinnmarge von lediglich 0,25 Cents pro Tier. Die Nachfrage nach Bio-Produkten ist nicht zuletzt aufgrund diverser Fleischskandale gestiegen, sodass, trotz der vielfachen Erzeugungskosten pro Tier und den vergleichsweise geringen Kapazitäten von Biohöfen, das Angebot zugenommen hat.

Nichtsdestotrotz drängt sich hierbei die Frage nach der Rentabilität einer konventionellen Geflügelproduktion auf. An erster Stelle müssen bei dieser „Kosten-Nutzen" – Rechnung die geringen Erzeugungskosten von nur 1,85 Euro pro Tier genannt werden. Diese resultieren zum einen aus dem Zusammenspiel von medikamentöser Behandlung und eiweißreichen Futtermitteln und zum anderen aus der stark mechanisierten Verarbeitungskette, die es am Beispiel dieses Betriebes erlaubt ca. 1.000 Tiere pro Tag zu schlachten. Auch die Kosten für menschliche Arbeitskräfte können dank der bereits erwähnten Phänomene der Leiharbeiterschaft oder Scheinselbständigkeit sehr gering gehalten werden. Darüber hinaus muss am Beispiel Deutschlands auf das Subventionierungssystem seitens diverser EU-Organe verwiesen werden. Den wichtigsten Beitrag konstituieren dabei sogenannte „Flächenförderungen" die pro Quadratmeter errechnet werden, welche die Rentabilität von konventionellen Großbetrieben drastisch erhöhen. Zudem erhalten europäische Landwirte Direktzahlungen in der Höhe von 50 Milliarden Euro, welche jedoch an gewisse Ökostandards der Betriebe gebunden sind. (vgl. Chemnitz & Belling, 2014)

Auch das bekannte und indes sehr umstrittene System der Agrarexportsubventionen, welches es erlaubt Produktionsüberschüsse überaus preisgünstig zu exportieren, dürfte in erster Linie die Rentabilität von Großbetrieben erhöhen. Hierbei ist jedoch hinzuzufügen, dass diese Art der Exportwirtschaft, die vor allem durch den Verkauf von Milchpulver an Bekanntheit gewonnen hat, sowohl durch einen *UN*-Ausschuss als auch seitens des europäischen Parlaments stark kritisiert wird. (vgl. Paasch, 2011)

Die heutige Massenproduktion fußt zudem in einer stark Exportorientierten EU-Agrarpolitik, die bis Anfang der 1990er Jahre sehr hohe Viehpreise garantierte und somit Anreize für die Produktion schuf. Gleichzeitig wurden seitens der *GAP* (Gemeinsame Agrarpolitik) auch hohe Preise für Getreide festgesetzt. Die Handelspolitik der EU unterstützte diese Produktionsanreize, indem hohe Einfuhrzölle auf Vieh und Getreide und geringe auf Öl und Futtermittel verhängt wurden. Dadurch avancierte die EU zu einem Nettoexporteur von Fleisch- und Milchprodukten, dessen intensivierte Produktion folglich auch zu erbitterten Preiskrämpfen innerhalb des EU-Marktes führte. Neue Entwicklungen sind mit dem bilateralen Freihandelsabkommen mit den USA, dem sogenannten *TTIP*, zu erwarten. EU-intern basieren die Vorschriften für Lebensmitteleinfuhren auf dem sogenannten „Vorsorgeprinzip", gemäß welchem die Einfuhr von potentiell schädlichen Lebensmitteln solange untersagt ist, bis dass Gegenteil bewiesen werden kann, während in den USA genau das umgekehrte Procedere vorgesehen ist. Das *TTIP* könnte zum größten bilateralen Freihandelsabkommen der Geschichte werden, und aufgrund der geringen Restriktionen für europäische Exporte ein sehr profitabler neuer Markt für die Fleischindustrie bzw. agroindustrielle Unternehmen werden.

Insgesamt zeichnet sich für den europäischen Markt derzeit sowohl das Bild eines sehr stark kostenorientierten Verbrauchers, als auch von einer KonsumentInnenschicht die hohen Wert auf Prozessqualität, Rückverfolgbarkeit und Qualität des Produktes legt. Zu den fundamentalen Charakteristika der Wertschöpfungskette der europäischen Geflügelwirtschaft zählen somit:

- hoher Anteil aus proteinreichen Futtermittel aus Übersee
- sehr hohe Tierdichte bei konventionellen Betrieben
- geschlossene Ställe
- hoher Kostendruck aufgrund hoher Wettbewerbsintensität (vgl. Chemnitz & Belling, 2014)

Die hochspezialisierten Betriebe die den europäischen Markt prägen, zeichnen sich zudem durch eine sehr hohe Anpassungskapazität aus, die es erlaubt rasch und effizient auf neue Anforderungen zu reagieren. Derzeit wird beispielsweise die hohe Sojaabhängigkeit kontrovers diskutiert, sodass man es in Betracht zieht eventuelle Ernteausfälle mit Tierfutter aus Geflügelschlachtabfällen wie Knochen- oder Blutmehl zu kompensieren. Da allerdings unter anderem die Ausbreitung des *BSE – Virus* auf das Verfüttern tierischer Futtermittel zurückgeht, sind derartige Maßnahmen derzeit stark umstritten. Die hohe Flexibilität zeichnet sich zudem auf der Produktionsebene aus, wo, dank der sehr kurzen Mastzeit, sehr schnell auf Änderungen der Nachfrage reagiert werden kann. (vgl. Akamp & Schattke, 2011)

Der Boom der Geflügelproduktion beschränkt sich allerdings keineswegs auf den deutschen oder europäischen Markt. Trotz der offenbar geringen Gewinnmargen, ist die industrialisierte Geflügelproduktion das global am schnellsten wachsende Segment der Fleischbranche. Bis 2020 werden weltweit laut Prognosen der *Heinrich Böll Stiftung* rund 124 Millionen Tonnen Geflügelfleisch produziert, was wiederum einem Produktionszuwachs von 25% entspricht. Vor allem für den asiatischen Raum wird eine Vervielfachung der Nachfrage erwartet, wobei der Verbrauch in städtischen Ballungsgebieten weiter zunehmen dürfte. Gründe dafür sind, neben den günstigen Produktionsmöglichkeiten, vor allem die geringen kulturellen und religiösen Einschränkungen beim Verzehr von Geflügelfleisch, welches zudem als besonders „mager" und gesund gilt. Die Entwicklung der industriellen Fleischproduktion im europäischen Raum offenbart zudem die fundamentale Bedeutung von Supermarktketten, mit deren Expansion auch eine Vervielfachung der Nachfrage an Fleischartikeln einhergeht. Ein Phänomen welches am Beispiel vieler aufstrebender Länder nachzuverfolgen ist. (vgl. Chemnitz & Belling, 2014)

1.4. Die Rolle der Supermärkte

War Fleisch vielerorts bis vor ein paar Jahrzenten noch ein wahres Luxusgut, wird es heute immer mehr zum Bestandteil der täglichen Ernährung. Maßgeblich für diese Entwicklung ist der Vormarsch diverser Supermarktketten, wo dem Verbraucher der Kauf von Fleischprodukten in Form von vakuumierten und handlichen Päckchen besonders einfach und bequem gemacht wird. In den ostasiatischen Boom-Ländern wie Korea oder Taiwan beispielsweise, stieg der Marktanteil von Supermärkten in kürzester Zeit von ca. 10 % auf 60%, was mit einem schnell wachsenden Fleischkonsum einherging. (vgl. Chemnitz & Belling, 2014) Die Gründe sind in derartig aufstrebenden Staaten nicht lediglich in der steigenden Kaufkraft der Mittelschichten zu verorten, sondern hängen sehr oft mit gesellschaftlichen Phänomenen starker Urbanisierung und hoher Mobilität zusammen. Der Verkauf von normierten Produkten erleichtert den Supermarktketten nicht nur deren Vermarktung, sondern bietet auch ein hohes Maß an Bequemlichkeit für die/den KonsumentInnen. Teil dieses Erfolgsrezepts ist sicherlich auch die dadurch erzielte visuelle Entkopplung von Tier und Produkt, sodass VerbraucherInnen unreflektiert zu diesen kostengünstigen Produkten greifen können. (vgl. Wiggerthale, 2010)

Darüber hinaus müssen auch entwicklungspolitische Dimensionen der Restrukturierung der Lebensmittelmärkte durch Supermarktketten und Discounter, vor allem in Entwicklungsländern, berücksichtigt werden. Diese neue Konzentration der Marktmacht führt nicht zuletzt dazu, dass kleinbäuerliche Betriebe nicht mehr in der Lage sind mit großindustriellen Fleischproduzenten zu konkurrieren. Während im europäischen Raum vor allem die Nische der Bioprodukte Abhilfe schaffen kann, ist dieser Markt qualitativ hochwertiger Waren in Entwicklungs- und Schwellenländern nur wenig etabliert, sodass fast ausschließlich kostengünstige Fleischprodukte konsumiert werden. Dementsprechend setzen US-amerikanische und europäische Supermarktketten vermehrt auf Expansionsstrategien, die darauf abzielen diesen neuen und lukrativen Markt zu erschließen. Während in Deutschland bis 2015 nur eine Umsatzsteigerung von ca. 1% prognostiziert wird, bewegen sich die Wachstumsraten im asiatischen und osteuropäischen Raum im zweistelligen Bereich. Vor allem in verschiedenen lateinamerikanischen Staaten hat sich der Siegeszug ausländischer Supermarktketten seit den 1990er Jahren beispielhaft vollzogen, sodass aktuell ca. 60-80% des Lebensmittelhandels von ausländischen Konzernen dominiert werden. Das Fundament dieses außerordentlichen Vormarschs der Supermarktketten liegt in erster Linie in sozioökonomischen Entwicklungen, wie etwa der fortschreitenden Urbanisierung oder den steigenden Einkünften der gesellschaftlichen Unter- und Mittelschicht. Vor allem hat es aber die Liberalisierung der ausländischen Direktinvestitionen erlaubt, die Expansion und Fusionierung von Supermarktketten deutlich zu beschleunigen. Resümierend muss der Vertrieb von Fleischartikeln in Supermarktketten deutlich mit niedrigen Preisen in Zusammenhang gebracht werden. (vgl. Wiggerthale, 2010) Eine Studie aus Großbritannien (siehe Abb. 4), verdeutlicht den Preisabfall für Zulieferer von Fleischprodukten bei einem Anstieg des relativen Marktanteils von Supermärkten eindrücklich.

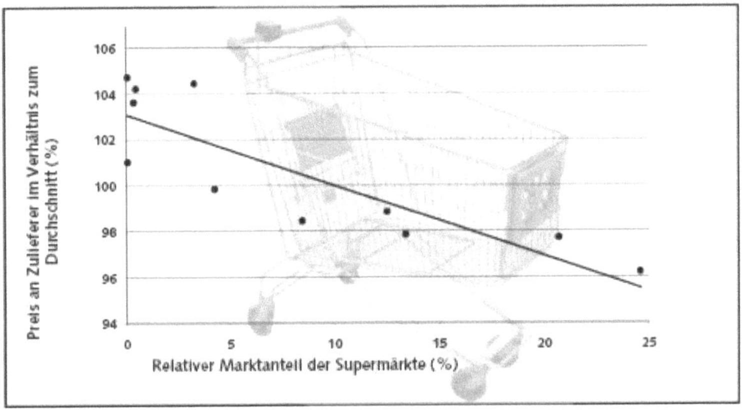

(Abb. 4: Verhältnis Marktanteil der Supermärkte und Zulieferpreise)

Es ergibt sich somit ein globaler Trend sinkender Produktionspreise in der Fleischindustrie, der in erster Linie mit dem Voranschreiten der großindustriellen Produktion und dem Vertrieb in weltweit expandierenden Supermarktketten einhergeht. (vgl. Wiggerthale, 2010)

2. Konsum und Nachfrage von Fleischartikeln

Der zweite Teil dieser Seminararbeit wird sich nun mit der Nachfrageseite des Fleischkonsums und somit mit der KonsumentInnenperspektive beschäftigen. Einleitend soll hierbei auf ethische und religiöse Aspekte des Fleischkonsums eingegangen werden, die maßgebend am Siegeszug der fleischverarbeitenden Industrie beteiligt sind.

2.1. Ethische und religiöse Perspektiven

Wie einleitend erwähnt, lässt sich die menschliche Gattungsgeschichte in verschiedene Epochen einteilen, die jeweils durch verschiedene Formen der *„Energienutzung"* charakterisiert sind. (vgl. Mellinger, 2000) Dementsprechend erhielt der Konsum von Fleisch einen Symbolgehalt, der wesentlich mit den agrarischen Organisationsformen zusammenhing. Da der Genuss von Fleisch in vielen Teilen der Welt gegenwärtig nur noch bedingt als (überlebens-) notwendige Nahrungsquelle gelten kann, bemüht sich der Mensch den persönlichen Fleischkonsum weiterhin zu legitimieren. Als primäres Argument wird hier oft der hohe Nährgehalt von tierischem Fleisch zitiert, der zudem für die evolutorische Entwicklung des menschlichen Organismus maßgebend war. Bereits *Karl Marx* und *Friedrich Engels* erkannten etwa im Fleischgenuss die *„chemische Bedingungen der Menschwerdung"* (Mellinger, 2000. S. 11). Auch die Legitimierung des Konsums aus kultureller Perspektive, die den Fleischkonsum oft in traditionelle Rituale einbindet, scheint nach wie vor weit verbreitet. Dies geht meist auf eine religiöse Symbolik des Fleischgenusses zurück, wo das Tier etwa als Opfergabe geschlachtet wurde. Gemein ist diesen Perspektiven, dass Fleisch als *„kostbare Nahrung und als Sinnbild des Lebens und Symbol des irdischen Reichtums"* verstanden wird (Mellinger, 2000. S. 48). Wie sehr Fleisch in der gegenwärtigen Industriegesellschaft jedoch seine Bedeutung als kostbare Nahrung verloren hat, wird durch folgendes Zitat unterstrichen, welches gleichzeitig das Verhältnis zwischen ProduzentInnen und KonsumentInnen von Fleischprodukten treffend beschreibt:

> *„Es existierte schon immer ein Spannungsverhältnis zwischen dem kapitalistischen Imperativ, die Effizienz um jeden Preis zu maximieren und den moralischen Imperativen der Kultur, die historisch als ein Gegengewicht*

Der kapitalistische Imperativ spiegelt sich im Wesentlichen im Produktionsprozess fleischverarbeitender Betriebe wieder, wobei verschiedene Optimierungsstrategien möglichst hohe Gewinnmargen abwerfen sollen. Als moralischer Imperativ der Kultur hingegen, kann durchaus der traditionell verankerte Fleischkonsum verstanden werden, welcher Fleisch als wertvolle Nahrung betrachtet und somit auf einem gesunden Mensch-Tier Verhältnis fußt. Der derzeit ungemein hohe und unreflektierte Fleischkonsum resultiert wohl in erster Linie aus der sehr starken Entkopplung von Tier und Produkt, welche bewusst durch ansehnliche Verpackungen und der Verlagerung von Schlachtbetrieben in periphere Regionen forciert wird. Der Verlust jeglichen Bezugs zum Tier wird durch diese (räumliche-) Entkopplung bewusst inszeniert und schafft somit die Basis für die moralische Blindheit des Marktes. Inwieweit „Wir" KonsumentInnen, als wesentlicher Teil dieses Marktes, tatsächlich einer gänzlich *unbewussten* Blindheit unterstehen, sei jedoch dahingestellt. Viel mehr scheinen viele KonsumentInnen ebendiese Blindheit dankend anzunehmen, um sich nicht den Geschmack am Verzehr von Fleischprodukten verderben zu lassen.

Vor allem aus moralphilosophischer Perspektive beschäftigt man sich dementsprechend intensiv mit der Frage, wie der/die einzelne KonsumentInnen ihren/seinen Fleischkonsum, abseits ritueller oder religiöser Aspekte, legitimieren. Meist rechtfertig man das „Recht" Tiere zu töten auf der Basis eines moralischen und intellektuellen Überlegenheitsgefühls, da der Mensch, im Gegensatz zum Tier, in der Lage ist sich zu sich selbst in Beziehung zu setzen, sein Dasein zu reflektieren und somit über eine individuelle „Biographie" verfügt. Aus moralphilosophischer Sicht wird dieser Argumentation meist mit dem sogenannten „Grenzgänger"-Argument entgegnet. Der Begriff des Grenzgängers bezeichnet dabei Menschen, die aufgrund von Erkrankungen nicht mehr in der Lage sind ebendiese Überlegungen anzustellen, womit die Grenzen zwischen Mensch und Tier verschwinden. Dies führt wiederum zu weiteren Überlegungen der Grenzziehung. Etwa, dass zwischen den kognitiven Fähigkeiten und der durch das Nervensystem determinierten Leidensfähigkeit verschiedener Tierarten unterschieden werden müsse. Die hinlängliche Annahme, Tiere würden generell lediglich in Augenblicksimpulsen leben, ist keineswegs richtig bzw. allgemein gültig. (vgl. Pollan, 2011) So sind beispielsweise Schweine, die zu den wichtigsten Fleischlieferanten des Menschen zählen, neben Delfinen, Elefanten und

Primaten in der Lage ihr eigenes Dasein zu begreifen und können unter anderem auch über Laute kommunizieren. (vgl. Vollborn, 2014) Maßstab der Legitimation könnte also eine „Empfindsamkeitsgrenzlinie" darstellen, sodass je nach Leidensfähigkeit einer Tierart über die moralische Vertretbarkeit der Tötung entschieden werden müsste. Wie weit der Mensch derzeit jedoch von derartigen Überlegungen entfernt ist, zeigt sich besonders im Kontrast der Nutz- und Haustierhaltung. Bis dato scheint sich lediglich eine Form der ästhetisch-bedingten Grenzziehung etabliert zuhaben, die diese absurde Über- bzw. Desensibilisierung im Umgang mit Tieren bedingt.

Es scheint in der Natur des Menschen zu liegen in solchen Fragen den bequemsten Kompromiss zu finden. Bei jedem Tier scheint Glück und Zufriedenheit in erster Linie darin zu bestehen, seine natürlichen Instinkte und Triebe möglichst frei ausleben zu können. Würde dies zur Genüge berücksichtigt, kann die Domestikation von Tieren also als „natürliches" Beispiel für Mutualismus bzw. einer Symbiose zwischen den Spezies angesehen werden. (vgl. Pollan, 2011) Dieser Form der Haltung werden wohl lediglich strenge Biobetriebe gerecht, denen aktuell nur ein verschwindend geringer Marktanteil zugeschrieben werden kann. (vgl. Chemnitz & Belling, 2014) Inwieweit hingegen fleischverarbeitende Großbetriebe als ebensolches „natürliches" Beispiel angesehen werden können, ist wohl mehr als Zweifelhaft.

2.2. Regionale Präferenzen

Neben diesen grundlegenden Überlegungen zum Fleischkonsum des Menschen, müssen zudem auch regionale Präferenzen berücksichtigt werden, die sehr oft aus den Nutzungsmöglichkeiten des Raumes resultieren. Ursprünglich verfügte Fleisch, wie bereits erwähnt, über einen beinahe mythischen Charakter, der aus der Kombination von Nützlichkeit und Knappheit dieser Nahrungsquelle erwachsen ist. Die Möglichkeit der Nutztierhaltung war in erster Linie von den ökologischen Lebensbedingungen abhängig. So hat sich beispielsweise im zentraleuropäischen Raum die Schweinezucht bewährt, da vergleichsweise kleine Weideflächen benötigt werden und somit zusätzlich Ackerbau betrieben werden konnte. Im nordamerikanischen Raum wiederum, erlaubten es die großen Weideflächen des Mittelwestens große Rinderherden zu halten, sodass die USA mit rund 11 Millionen Tonnen produziertem Rindfleisch pro Jahr, nach wie vor der größte Rindfleischexporteur der Welt ist. Im stark besiedelten indischen Raum hingegen, vollzieht die religiös fundierte Abneigung gegenüber Rindern auch eine ökologische Funktion. Aufgrund der hohen Bevölkerungsdichte würde das Vieh in direkte (Nahrungs-) Konkurrenz mit dem Menschen treten, sodass nur sehr effiziente Futtermittelverwerter zum Verzehr gezüchtet werden. (vgl. Herzog, Martin et al., 1994) Dementsprechend gestaltet sich auch die Nachfrage nach Fleisch in den verschiedenen Regionen der Welt ganz unterschiedlich. Während beispielsweise in Europa und den USA, den traditionell größten Fleischproduzenten des 20 Jahrhunderts, der Konsum nur leicht ansteigt oder stagniert, erwartet man für den asiatischen Raum bis 2022 eine weiterhin sehr stark steigende Nachfrage. Vor allem der Schweine- und Geflügelmarkt dürfte weiterhin expandieren, da diese Nutztiere sehr effizient und kostengünstig gehalten werden können. (vgl. Chemnitz & Belling, 2014)

2.3. Gesellschaftsspezifische Präferenzen

In den Industrieländern scheint der Zenit des Fleischkonsums tatsächlich schon überschritten. Vor allem diverse Gammelfleisch Skandale, sowie Informationen über die Folgen und Produktionsbedingungen in Massenbetrieben, dürften die KonsumentInnen stark verunsichert haben. Insgesamt ist somit in den Industrienationen ein nach wie vor sehr hoher, aber tendenziell stagnierenden Fleischkonsum zu beobachten. In Deutschland nahm der Konsum sogar allein im Jahr 2012 um durchschnittlich 2kg pro Kopf ab. Als Reaktion auf die wachsende Skepsis der KonsumentInnen, zeigt sich nun der Trend zur Etablierung diverser Gütesiegel, die den VerbraucherInnen die Einhaltung bestimmter Standards bezüglich Tierschutz und Lebensmittelsicherheit vermitteln sollen. Sogenanntes Biofleisch ist dementsprechend eine Alternative, die der Skepsis der KonsumentInnen Rechnung tragen soll. Nichtsdestotrotz stammen EU-weit lediglich 2% der Fleischprodukte aus derartigen Bio-Betrieben, was im Wesentlichen mit den hohen Produktionspreisen und der insgesamt tendenziell stagnierenden Nachfrage zusammenhängt. Damit zeichnet sich in den Industrienationen das Bild einer gebildeten Gesellschaftsschicht, die zunehmend auf Fleischprodukte verzichtet, nicht zuletzt weil eine fleischlose und somit vermeintlich gesündere Ernährung im Trend zu liegen scheint. Der Fleischkonsum der Industrienationen wird Großteils von der gesellschaftlichen Unter- und Mittelschicht getragen, die wohl vor allem aufgrund der geringeren Kaufkraft weiterhin zu günstigen

Fleischprodukten greift. (vgl. Chemnitz & Belling, 2014) Selbige Aussagen können auch durch den sogenannten „Schichtindex", welcher vom *Max Rubner Institut* (2012) publiziert wurde, unterstrichen werden. Selbiger setzt sich am Beispiel Deutschlands mit den Ernährungsgewohnheiten diverser Bevölkerungsschichten auseinander.

Anhand der Kriterien *„berufliche Stellung"* und *„Einkommen"* werden in dieser Studie die Kategorien der sogenannten gesellschaftlichen *Unter-,Mittel-, und Oberschicht* bemessen. Interessanterweise werden zudem geschlechterspezifische Unterscheidungen getroffen. Die Studie belegt dabei, dass eindeutige Unterschiede in den Ernährungsgewohnheiten verschiedener Gesellschaftsschichten festgestellt werden konnten, die allerdings für viele Lebensmittelgruppen als verhältnismässig *„gering"* und daher als *„undramatisch"* angesehen werden können. Sehr deutliche Unterschiede sind bemerkenswerterweise beim Verzehr von *„Fleisch, Fleischerzeugnissen und Wurstwaren"* festzustellen. Hier verzehren Männer der sogenannten *Oberschicht* immerhin 20% weniger Fleischprodukte als jene der *Unterschicht*. Besonders auffallend ist dabei, dass Männer der gesellschaftlichen *Unterschicht* täglich etwas mehr als die Hälfte an Fleischprodukten verzehren, als Frauen der gleichen Schicht. In der *Oberschicht* hingegen sind die geschlechterspezifischen Unterschiede (Frauen 50 Gramm pro Tag, Männer 88 Gramm pro Tag) weitaus geringer. Die starken schichtspezifischen Unterschiede im Fleischverzehr ergeben sich in erster Linie aus dem Konsum von *„Wurstwaren und Fleischerzeugnissen"*. Dabei handelt es sich in erster Linie um ebenjene „normierten" Produkte, die meist aus einer industriellen Großproduktion stammen und in verschiedenen Supermarktketten preisgünstig zu erwerben sind. (vgl. Max Rubner Institut, 2012) Resümierend bestätigt diese Studie somit das Bild einer Wohlstandsgesellschaft, in der vor allem günstige Fleischprodukte von einer verhältnismässig kaufschwachen Gesellschaftsschicht konsumiert werden. Kaufkräftigere und gebildetere KonsumentInnen streben hingegen zu großen Teilen eine fleischarme Ernährung an. Ähnlich eindeutige Aussagen können, gemäß einer Studie die im *Fleischatlas* (2014) vom deutschen Bund publiziert wurde, auch für aufstrebende Staaten, wie etwa die sogenannten *BRICS* Länder (Brasilien, Russland, Indien, China und Südafrika), getroffen werden, wo der zunehmende Wohlstand deutlich mit einem steigendem Verbrauch von Fleischartikeln einhergeht (siehe Abb. 5).

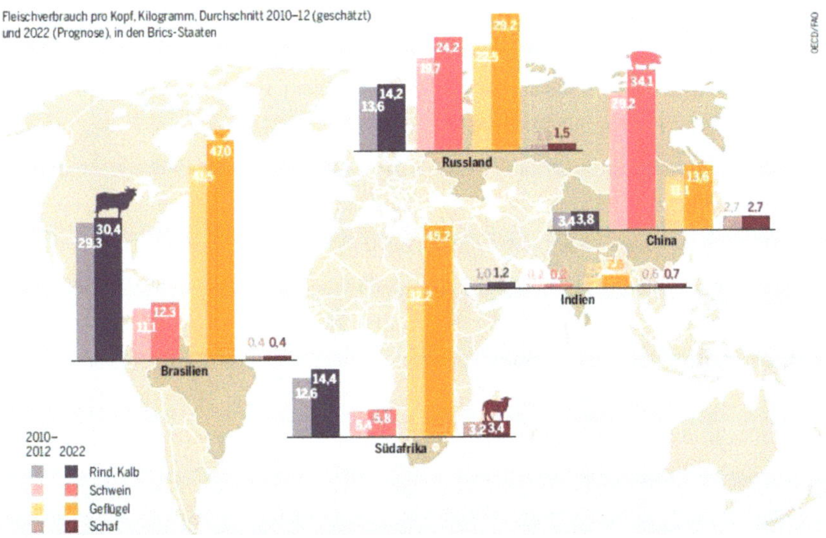

(Abb. 5: Fleischverbrauch der *BRICS* – Staaten pro Kopf und Jahr)

Dabei zeigen sich vor allem in Brasilien und Südafrika starke Wachstumsraten der Geflügelwirtschaft. In China hingegen, wo traditionell der höchste Schweinefleischverbrauch der Welt beheimatet ist, dürfte der Konsum bis 2022 auf 34,1 kg pro Person ansteigen. Neben dem starken Bevölkerungswachstum (die *BRICS* Staaten beherbergen rund 40% der Weltbevölkerung), wird in erster Linie die starke Urbanisierung für den steigenden Fleischverzehr verantwortlich gemacht. Vor allem eine neue und kaufkräftige städtische Mittelschicht drückt den neu erlangten Wohlstand (auch) in Form eines erhöhten Fleischkonsums aus. (vgl. Chemnitz & Belling, 2014)

Zusammenfassend kann ein hoher Verzehr von Fleischprodukten somit als „Wohlstandsindikator" einer neuen kaufkräftigen Mittelschicht verstanden werden, wodurch sich ein global sehr differenziertes Bild ergibt. In vielen Industrieländern scheint diese Entwicklung bereits überholt, sodass paradoxerweise der Vegetarismus bzw. der Verzicht auf Fleischprodukte, sozusagen als neuer Auswuchs der Wohlstandsgesellschaft, eine gehobene Gesellschaftsschicht auszeichnet. In vielen aufstrebenden Staaten ist dieser Prozess jedoch noch voll im Gange, sodass der „non-Vegetarismus" vor allem von einer neuen kaufkräftigen Mittelschicht regelrecht zelebriert wird, wodurch Fleisch -bislang noch- als Indikator für Reichtum und Wohlstand gilt.

3. Zusammenfassung

Im August 2013 wurde in London der erste sogenannte „Laborburger", ein goldbrauner Klumpen aus gezüchteten Proteinstrengen, sehr publikumswirksam serviert und dessen Geschmack getestet. Man könnte sich nun fragen, ob dies eine mögliche Perspektive für die Zukunft darstellt? – wohl kaum. Dies nicht nur aufgrund der absurden Herstellungskosten von rund 250.000 Dollar, sondern vielmehr weil dieses Konzept den neuen Höhepunkt der Entfremdung des Mensch-Tier Verhältnisses darstellt. Immerhin sind über 40% der Erdoberfläche nicht ackerbaulich nutzbar, sodass Nutztiere durch die Umwandlung von Vegetation in Energie eine sehr wichtige ökologische Funktion übernehmen. (vgl. Chemnitz & Belling, 2014) Es sind jedoch nicht zuletzt die Folgen einer stark industrialisierten Landwirtschaft, die selbige Funktionen ausklammern und das Tier lediglich als „Produkt" im Rahmen einer „Kosten-Nutzen" Bilanzierung betrachten. Mit dieser (auch symbolischen) Degradierung wurde tatsächlich nicht nur der Preis, sondern gleichzeitig auch der gesellschaftliche Stellenwert von Fleisch entwertet. In unserer Industriegesellschaft zeichnet sich somit das Bild eines ehemals sehr privilegierten Guts, welches nun dem gesamten Gesellschaftsspektrum zugänglich ist und zugleich einen der wesentlichsten Lebensmittelbestandteile einer kaufschwachen Gesellschaftsschicht darstellt. Die günstige Produktion wird unter anderem durch die Einfuhr von Futtermitteln ermöglicht, die zu großen Teilen in Entwicklungsländern, oft mit verheerenden ökologischen Folgen, gezüchtet werden. Inwieweit die Möglichkeit günstiges Fleisch verzehren zu können nun als „gesellschaftliche Gerechtigkeit" betrachtet werden kann, sei dahingestellt. Vielmehr scheint hier lediglich das Angebot die Nachfrage zu diktieren, sodass kaufschwache Gesellschaftsschichten notgedrungen zu günstigen Produkten greifen und sich bewusst der „moralischen Blindheit" des Marktes unterwerfen. Interessanterweise vollzieht sich dieser Wandel mit zunehmenden Übergang zur Wohlstandsgesellschaft, sodass dieses Phänomen global sehr differenziert zu betrachten ist. Während in den Industrienationen der Vegetarismus als neuer Auswuchs der Wohlstandsgesellschaft verstanden werden kann, stellt der Genuss von Fleisch vor allem in Entwicklungs- und Schwellenländern noch ein klares Indiz für Wohlstand und Reichtum dar.

Resümierend offenbart sich das Bild verschiedener Problematiken, die vor allem aus einem zu „ökonomisierten" Umgang mit Nutztieren erwachsen sind. Zu hoffen bleibt, dass sich KonsumentInnen in Zukunft weniger dem Angebotsdiktat des Marktes hingeben, sondern stattdessen sich selbst als „Mitproduzenten" begreifen, die eine rein passive Rolle weitaus übersteigen. Der Mitproduzent ist vielmehr als ein aktiver Akteur zu verstehen, welcher *„auf Grundlage von Informationen wer Lebensmittel wie produziert seine Kaufentscheidungen trifft"* (Chemnitz & Belling, 2014. S. 43). Dies wird Beispielsweise mit dem Modell der sogenannten „solidarischen Landwirtschaft" realisiert. Dabei sichern KonsumentInnen den Landwirten die konstante Abnahme sämtlicher Erzeugnisse und tragen somit zur Finanzierung der Produktionskosten bei. Weitere Anreize zur Umgestaltung sind zudem die Unterstützung von klein- und mittelständischen Unternehmen, etwa durch den Verzicht auf Fördermittel für den Bau von Intensivmastanlagen. Auch der hofeigene Anbau von Futtermitteln könnte wichtige Nachhaltigkeitsimpulse setzen, da somit auf Düngetransporte und genmanipulierte Produkte verzichtet werden könnte. Ebendiese Ziele bedürfen wohl einer Veränderung der gesetzlichen Bestimmungen und Rahmenbedingungen, die wohl nur durch gesellschaftliche Impulse ausgelöst werden können. Dementsprechend bedarf es wohl in erster Linie eines Umdenkens im Konsumverhalten, um die problematische Mensch-Nutztierbeziehung nachhaltig zu verbessern.

Literaturverzeichnis

Akamp Marion & Schattke Hedda (2011): Regionale Vulnerabilitätsanalyse der Ernährungswirtschaft im Kontext des Klimawandels. Universität Oldenburg.

Chemnitz Christine & Benning Reinhild (2014): Fleischatlas. Daten und Fakten über Tiere als Nahrungsmittel. Ahrensfelde: Möller Druck.

Gabler Wirtschafts-Lexikon (1997). Wiesbaden: Gabler.

Herzog Dorothea, Thomas-Martin Karin, Hutterer Erwin, Bendel Ralf (1994): Fleischkonsum. Geschichte. Hintergründe. Konsequenzen. Mössingen-Talheim: Talheimer.

Max Rubner Institut (2012): Schichtindex. Basisauswertung 2.

Mellinger Nan (2000): Fleisch. Ursprung und Wandel einer Lust. Eine kulturanthropologische Studie. Frankfurt, New York: Campus Verlag.

Paasch Armin: „Die Agrarsubventionen der Europäischen Union und unfaire Freihandelsabkommen zerstören die Lebensgrundlage für Bauern in Entwicklungsländern". In: Le Monde Diplomatique. Cola, Reis und Heuschrecken. Welternährung im 21. Jahrhundert. 2011, Nr. 10. Taz Verlag. S. 67-69.

Pollan Michael (2011): Das Omnivoren-Dilemma. Wie sich die Industrie der Lebensmittel bemächtigte und warum Essen so kompliziert wurde. München: Goldman.

Vollborn Marita (2014): Food-Mafia. Wehren Sie sich gegen die skrupellosen Methoden der Lebensmittelindustrie. Frankfurt am Main: Campus-Verlag.

Wiggerthale Marita (2010): Supermärkte auf dem Vormarsch im Süden – Bedrohung für Kleinbauern? Herausgegeben von: Evangelischer Entwicklungsdienst (Berlin).

Abbildungsverzeichnis